Sabrine Boumazbar

Conception et réalisation d'un testeur de câbles pour voitures

Sabrine Boumazbar

Conception et réalisation d'un testeur de câbles pour voitures

Éditions universitaires européennes

Impressum / Mentions légales

Bibliografische Information der Deutschen Nationalbibliothek: Die Deutsche Nationalbibliothek verzeichnet diese Publikation in der Deutschen Nationalbibliografie; detaillierte bibliografische Daten sind im Internet über http://dnb.d-nb.de abrufbar.

Alle in diesem Buch genannten Marken und Produktnamen unterliegen warenzeichen-, marken- oder patentrechtlichem Schutz bzw. sind Warenzeichen oder eingetragene Warenzeichen der jeweiligen Inhaber. Die Wiedergabe von Marken, Produktnamen, Gebrauchsnamen, Handelsnamen, Warenbezeichnungen u.s.w. in diesem Werk berechtigt auch ohne besondere Kennzeichnung nicht zu der Annahme, dass solche Namen im Sinne der Warenzeichen- und Markenschutzgesetzgebung als frei zu betrachten wären und daher von jedermann benutzt werden dürften.

Information bibliographique publiée par la Deutsche Nationalbibliothek: La Deutsche Nationalbibliothek inscrit cette publication à la Deutsche Nationalbibliografie; des données bibliographiques détaillées sont disponibles sur internet à l'adresse http://dnb.d-nb.de.

Toutes marques et noms de produits mentionnés dans ce livre demeurent sous la protection des marques, des marques déposées et des brevets, et sont des marques ou des marques déposées de leurs détenteurs respectifs. L'utilisation des marques, noms de produits, noms communs, noms commerciaux, descriptions de produits, etc, même sans qu'ils soient mentionnés de façon particulière dans ce livre ne signifie en aucune façon que ces noms peuvent être utilisés sans restriction à l'égard de la législation pour la protection des marques et des marques déposées et pourraient donc être utilisés par quiconque.

Coverbild / Photo de couverture: www.ingimage.com

Verlag / Editeur:
Éditions universitaires européennes
ist ein Imprint der / est une marque déposée de
OmniScriptum GmbH & Co. KG
Heinrich-Böcking-Str. 6-8, 66121 Saarbrücken, Deutschland / Allemagne
Email: info@editions-ue.com

Herstellung: siehe letzte Seite /
Impression: voir la dernière page
ISBN: 978-3-8417-4595-8

Remerciements

En premier lieu, je tiens à remercier Monsieur Mohamed Djmel d'avoir accepté de présider le jury et Monsieur Chokri Rkik d'avoir accepté d'examiner mon rapport de projet de fin d'études.

Je tiens à remercier et à exprimer ma profonde gratitude à mon encadreur Monsieur Mohamed Chtourou qui nous a orienté et nous a soutenu durant notre projet de fin d'études.

J'exprime mon vif remerciement à Monsieur Yosri Boulares mon encadreur industriel à la société de câblages pour véhicules « SCV ».

Enfin, je tiens à remercier aussi tous ceux qui ont participé de près ou de loin à la réussite de mon projet de fin d'études.

Table des matières

Liste des figures

Liste des tableaux

Introduction générale

Ce projet de fin d'études a été réalisé au sein de la Société de Câblage pour Véhicules « SCV». Cette période de stage est très bénéfique puisque j'ai pu enrichir mes connaissances théoriques sur les microcontrôleurs par une multitude des nouvelles idées sur le plan pratique.

Mon projet de fin d'études réalisé à l'entreprise SCV consiste à réaliser un système automatique permettant de vérifier la conformité électrique des câbles pour voitures dont le but est de :

- Simplifier le travail de l'opérateur humain,
- Augmenter la sécurité,
- Accroitre la productivité,
- Améliorer la qualité.

Dans un premier temps, nous allons présenter cette société en général et notre projet de fin d'études en citant la problématique, le cahier des charges et le principe de fonctionnement de la carte à concevoir.

Dans un second temps, nous allons présenter une description détaillée de la carte électronique.

Dans la troisième partie, nous allons présenter les étapes de la réalisation de la carte électronique en citant les différents logiciels utilisés.

Chapitre1 : Présentation de la société

1. Introduction :

Dans ce chapitre, nous allons présenter en premier lieu la Société de Câblage pour Véhicules « SCV ». En deuxième lieu, nous allons présenter notre projet en citant la problématique, le cahier des charges et le principe de fonctionnement de la carte à concevoir.

2. Présentation de la société SCV :

2.1. Historique :

SCV est l'abréviation de la Société de Câblage pour Véhicules. C'est une branche parmi le groupe CABLELETTRA d'origine italienne créé en 1963 au nord de Lombardie en Italie par Carmelo Patti et son fils Giovanni Patti. Après être installé dans d'autre pays tels que la Chine, le Brésil et la Pologne ; la SCV a finalement créé un site de production en Tunisie et spécialement au gouvernorat de Bizerte. Ce site est constitué de quatre unités de production installées comme suit :

- Menzel Jemil
- Tinja
- Menzel Bourguiba
- Zarzouna

2.2. Fonctionnement:

Le groupe SVC est spécialisé dans la fabrication des câbles pour véhicules (camions, voitures,..). Il décompose ce projet en des sous-projets. Chacune des quatre unités de production s'occupe d'un sous-projet. La figure ci-dessous présente un exemple des câbles fabriqués par cette société.

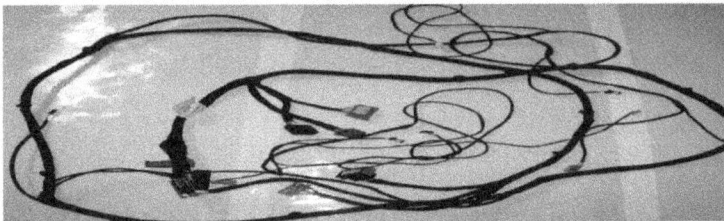

Figure 1 : Câbles pour véhicules

2.3. Organigramme :

Les différents services de la société peuvent être schématisés selon la figure suivante :

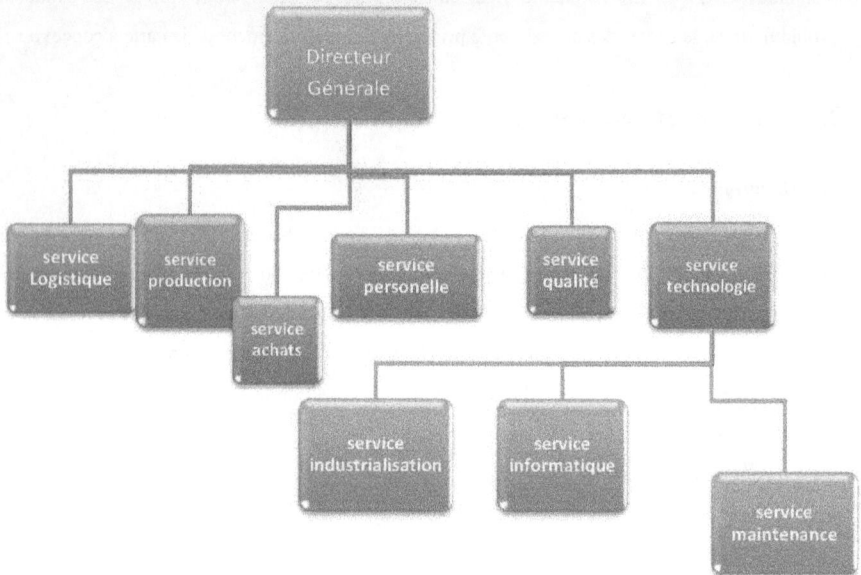

Figure 2 : Organigramme de la SCV

2.4. Clients :

Les clients de la société SCV sont :

- IVECO DAILY
- SMART FORTWO
- FIAT CROMA
- ALFA ROMEO159
- ALFA ROMEO147

3. Présentation de la table de contrôle électrique SIXTAU:

SIXTAU est une table de contrôle électrique programmable qui permet de tester les câbles des véhicules (voitures, camions..) et de détecter des différentes erreurs de câblage. La figure suivante donne un aperçu sur la table de contrôle SIXTAU.

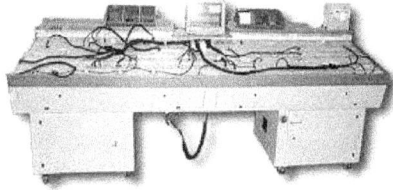

Figure 3 : Table de contrôle électrique

3.1. *Rôle :*

La table de contrôle électrique SIXTAU a plusieurs rôles, tels que :

- La détection de la présence des connecteurs à l'aide des prises de contrôle.
- La vérification de la sûreté de fonctionnement d'un câble électrique
  (pas de court-circuit, pas de coupure des fils, pas inversion des fils)
- Déclenchement automatique des bons câbles.
- Impression des étiquettes.

3.2. *Equipement de la table de contrôle électrique :*

La table de contrôle électrique assure son rôle à travers une partie matérielle et une partie logicielle.

3.2.1. Le Bloc logiciel : logiciel UNI4

C'est un système modulaire à hautes performances et faible coût pour le test. Son architecture est basée sur un ordinateur personnel fonctionnant sous le système d'exploitation WINDOWS XP. Il est caractérisé par une excellente interface graphique permet à l'opérateur de détecter et de localiser avec précisions les défaillances. Il permet aussi la gestion de la communication entre table de contrôle électrique et PC par l'intermédiaire de la carte d'adressage et le testeur. A chaque réussite de test, l'UNI4 commande l'imprimante et lui envoie les informations nécessaires à l'impression de l'étiquette.

3.2.2. Le bloc matériel :

Cette table est équipé par un PC permet l'affichage des différents défauts. Elle possède plusieurs cartes testeurs qui permettent de détecter les défauts électriques des câblages. Elle possède aussi une carte d'adressage permet de définir chaque module de contrôle technique monté et connecté à la table ainsi que chaque pin, en leur   donnant une adresse physique à l'aide de la programmation de l'UNI4 (fichier pin   table). En plus, elle possède une imprimante qui est posée sur la table pour l'impression des étiquettes qui seront collées sur le câble après le test.

> ➢ Impression d'une étiquette rouge si le câblage est faux.
> ➢ Impression d'une étiquette blanc si le câblage est correct.

3.3. *Intervention du service maintenance sur la table SIXTAU:*

Le service maintenance permet d'intervenir sur la table SIXTAU. Il permet de changer un pin cassée, changer du ruban de l'imprimante, d'introduire d'un nouveau programme pour tester de nouveaux câblages et de modifier de l'emplacement d'une contrepartie suite à la modification du dimensionnelle du câblage.

4. Problématique :

Le test est très important dans le processus de production car il permet d'améliorer la qualité du produit et d'augmenter la productivité.

La table de contrôle électrique n'est pas toujours compatible pour des nouveaux câblages. Il y aura un nouveau câble pour voitures dont on ne peut pas tester la continuité vu qu'il n'existe pas une carte testeur appropriée.

5. Cahier des charges :

Le projet proposé consiste à concevoir et à réaliser une carte testeur de câbles pour voitures. Cette carte est à base d'un microcontrôleur PIC16F877. Ce testeur permet de vérifier la conformité électrique des câbles pour voitures c'est à dire, il permet de détecter les défauts de continuité (inversion de fils, court-circuit et coupure de fils).

Outre le test des câbles, cette carte permet le comptage des câbles produits par jour et l'affichage des résultats trouvés. La figure ci-dessous présente le nouveau câble à tester qui est constitué de trois fils conducteurs.

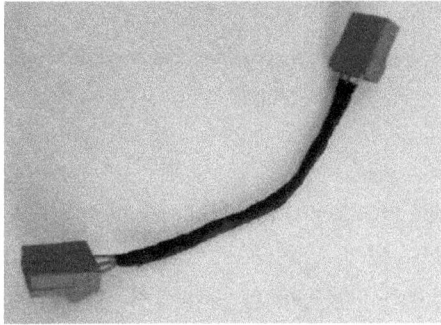

Figure 4 : Câble à tester

6. Principe de fonctionnement de la carte testeur proposée :

6.1. *Présentation :*

Ce testeur permet de tester un toron de câble comportant trois conducteurs séparés. Il est constitué :

- d'un module de contrôle général à base d'un microcontrôleur PIC16F877. Ce module permet de faire les vérifications des fils conducteurs (absence de court-circuit et liaison correcte).
- d'un module de terminaison constitué de trois résistances montées en diviseur de tension multiple.
- d'une liaison RS232 permet l'affichage des résultats du test sur PC.
- d'un afficheur LCD permet l'affichage du nombre des câbles produits par jour.

6.2. *Principe:*

Le principe du contrôle repose sur l'envoi d'une tension continue connue (5 Volts) et à lire la tension qui revient sur chacun des fils grâce à la terminaison constituée de trois résistances.

6.3. *Analyse des tensions mesurées sur les fils conducteurs:*

L'analyse des tensions se fait grâce au microcontrôleur PIC16F877. Il y a quatre cas possibles :

- Si le câble est conductible, chaque fil doit ramener une tension continue spécifique.
- S'il y a une coupure de fils, cela signifie qu'il y a une tension nulle sur l'un des fils.
- S'il y a un court-circuit, cela signifie qu'il ya deux mesures de tension égales ou très proches l'une de l'autre.
- S'il y a une inversion de fils, cela signifie que les valeurs de tensions ne sont pas dans l'ordre choisi.
- ➢ Tout cela est piloté par un microcontrôleur PIC16F877 qui permet d' afficher le type et le lieu de défaut sur un PC et un afficheur LCD permettant d'afficher le nombre des câbles corrects produits par jour.

6.4. *Organigramme de notre système:*

- ➢ En première lieu, le PC et l'afficheur LCD vont afficher « BONGIORNO SCV ».
- ➢ En deuxième lieu, l'opérateur doit régler l'horloge du système à l'aide de deux boutons poussoirs.
- ➢ En troisième lieu, l'opérateur va tester le câble en appuyant sur le bouton 'Test'.
- ➢ Si le test est correct, le PC va afficher « câblage correct » et donc l'opérateur doit incrémenter la quantité des câbles corrects produits par jour sur un afficheur LCD à l'aide d'un bouton poussoir d'incrémentation.
- ➢ Si le test est faux, le PC va afficher le type et le lieu d'erreur.

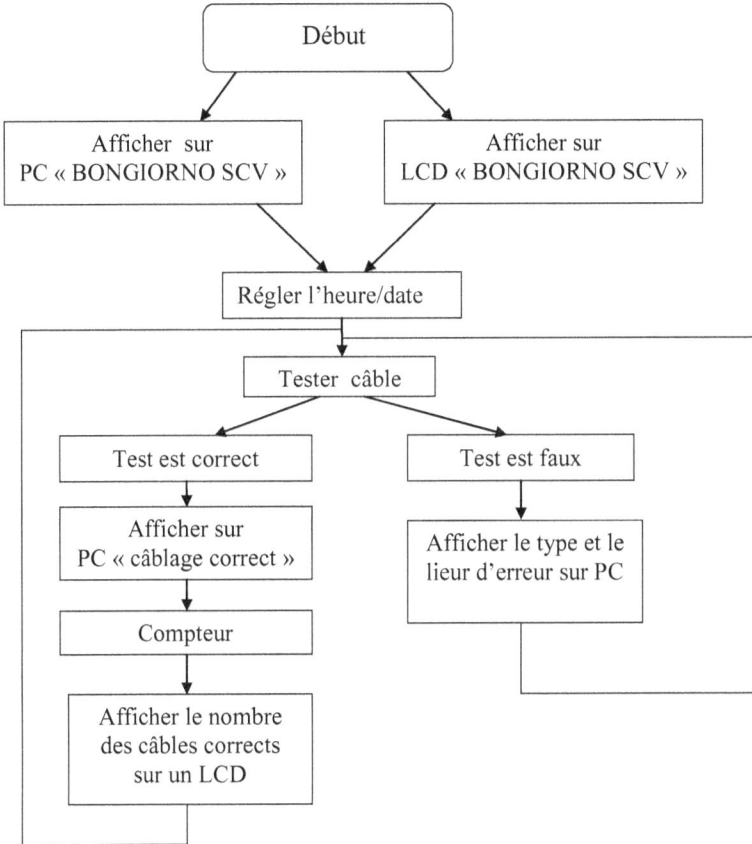

Figure 5 : Organigramme du système

7. Conclusion :

Dans ce chapitre, nous avons présenté la société et notre projet en général qui consiste à concevoir et à réaliser une carte électronique à base d'un microcontrôleur PIC16F877. Cette carte a pour objectif de tester la continuité des câbles pour voitures.

Dans le chapitre suivant, nous allons présenter les différents blocs de la carte à réaliser. Une description détaillée de cette carte sera fournie.

Chapitre2 : Conception de la carte de commande

1. Introduction:

Dans ce chapitre, nous allons concevoir une carte de commande à base d'un microcontrôleur PIC16F877 pour répondre aux besoins du cahier des charges. Cette carte permet de tester la continuité des câbles pour voitures. Avec cette carte on peut tester différents types de câbles constitués de trois fils conducteurs.

Ce chapitre détaille les étapes suivies pendant la conception de la carte de commande. Pour la conception et la simulation de cette carte, on a utilisé le logiciel Proteus ISIS 7.6.

2. Schéma bloc de la solution proposée :

Notre carte comme l'indique la figure ci dessous est menue de plusieurs unités qui assurent le bon fonctionnement de la carte testeur des câbles pour voitures.

- Un microcontrôleur PIC 16F877 qui gère tous les traitements et les liaisons entre les différents blocs de la carte.
- Un afficheur LCD (2 lignes, 16 caractères) qui permet d'afficher le nombre des câbles produits par jour.
- La liaison RS232 qui permet d'afficher les résultats du test sur un PC.
- Des boutons poussoirs qui permettent à l'opérateur de commander notre système.
- L'horloge temps réel PCF8583 qui fonctionne en véritable horloge-calendrier c'est-à-dire en mode de vingt quatre heures.

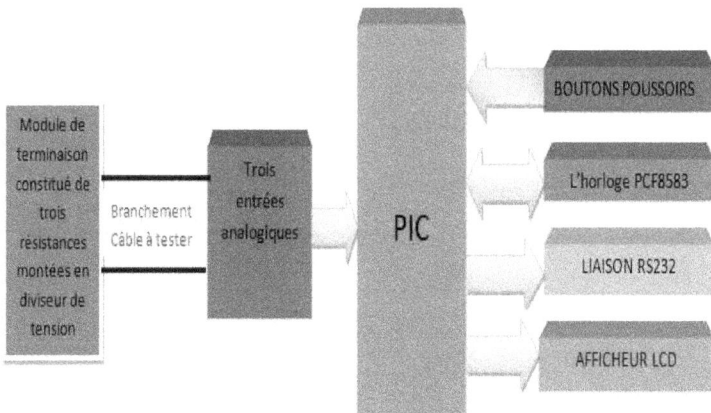

Figure 6 : Schéma représentatif de la solution proposée

3. Conception matérielle :

3.1. *Choix du pic:*

Nous allons choisir dans notre application le PIC16F877. Ce pic est populaire en électronique car il a plusieurs avantages :

- Coût réduit,
- Un grand nombre de ports d'E /S,
- Programmation facile,
- Faible consommation.

La figure suivante montre le schéma du brochage du PIC 16F877.

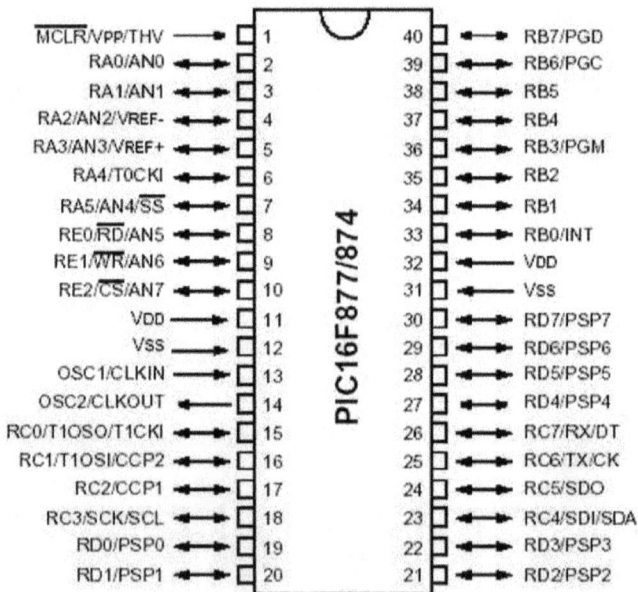

Figure7 : Brochage du PC16F877

Les éléments essentiels du PIC 16F877 sont :

- Une mémoire programme de type EEPROM flash de 8K octets,

- Une RAM de données de 368 octets,

- Une mémoire EEPROM de 256 octets,

- Cinq ports d'entrée sortie, A (6 bits), B (8 bits), C (8 bits), D (8bits), E (3bits),

- Convertisseur Analogiques numériques 10 bits à 8 canaux,

- USART, Port série universel, mode asynchrone (RS232) et mode synchrone,

- SSP, Port série synchrone supportant I2C,

- Trois TIMERS avec leurs Prescalers, TMR0, TMR1, TMR2,

- Deux modules de comparaison et Capture CCP1 et CCP2,

- Un chien de garde,

- 13 sources d'interruption,

- Générateur d'horloge, à quartz (jusqu' à 20 MHz) ou à Oscillateur RC,

- Protection de code,

- Fonctionnement en mode sleep pour réduction de la consommation,

- Programmation par mode ICSP (In Circuit Serial Programming) 12V ou 5V,

- Possibilité aux applications utilisateur d'accéder à la mémoire programme,

- Tension de fonctionnement de 2 à 5V,

- Jeux de 35 instructions [1].

3.2.   Bloc de mesure des tensions à l'aide d'un convertisseur analogique-numérique du PIC 16F877 :

Ce bloc dont le rôle est de mesurer les trois tensions, est basé sur l'utilisation d'un convertisseur analogique numérique.

3.2.1. Convertisseur analogique-numérique (CAN):

La figure ci-dessous présente le convertisseur analogique-numérique 10 bits à 8 canaux du PIC16F877.

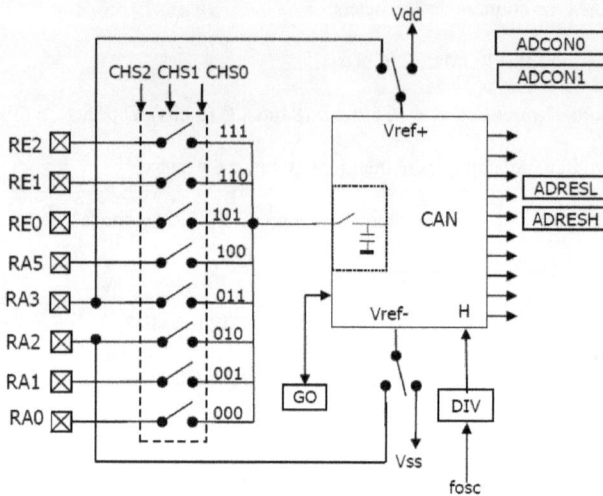

Figure 8 : Le module de conversion A/N

Le PIC16F877 intègre un CAN au niveau PORT A et PORT E. Dans notre application, on a choisi les entrées RA0, RA1 et RA3 comme des entrées analogiques. Les tensions des références sont choisies par défaut de façon que la valeur maximale correspond à la tension d'alimentation Vdd (+5V) et la valeur minimale correspond à la mase Vss.

Déroulement d'une conversion :

Le PIC dispose d'un échantillonneur bloqueur intégré constitué d'un interrupteur S, d'une capacité de maintien C=120 pF et d'un convertisseur Analogique numérique 10bits. Pendant la conversion, la tension Ve à l'entrée du convertisseur A/N doit être maintenue constante. Au début, l'acquisition du signal se fait en fermant l'interrupteur S, ceci se fait à l'aide du registre ADCON0. Après la fin de l'acquisition, l'interrupteur S s'ouvre pour assurer le blocage de la tension. La conversion commence et le résultat est chargé dans les registres ADRESL et ADRESH [1].

3.2.2. Schéma bloc :

La figure suivante représente le bloc dont laquelle on peut brancher les câbles à tester constitués de trois fils conducteurs. Après le branchement du câble, le PIC peut analyser les trois tensions qui reviennent sur chacun de fils grâce à la terminaison qui est constitués de trois résistances montées en diviseur de tension. La mesure des tensions se fait à l'aide de trois convertisseurs analogiques numériques du PIC16F877 dont les entrées RAO, RA1 et RA3.

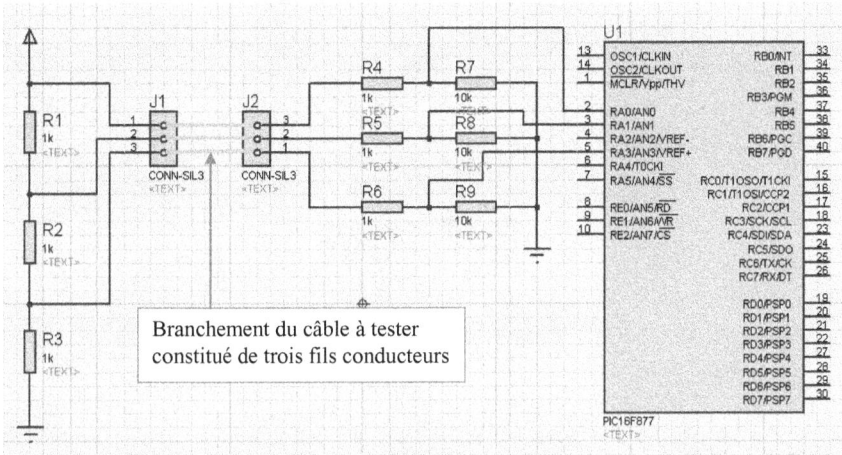

Figure 9 : Bloc de mesure les tensions

3.3.   *Bloc de communication RS232 :*

3.3.1. Max232 :

Le MAX232 est un circuit intégré qui assure l'adaptation du signal entre une liaison   série   TTL   (0-5v)   et   une   liaison   série   RS232   (+12-12v). En regardant son schéma interne en annexe1, nous constatons directement qu'il est premièrement doté d'un convertisseur de tension, à travers les capacités C1 et C3 il génère une tension de 10Volts depuis les 5Volt (doubleur de tension), et au moyen des capacités C2 et C4 il génère une tension de -10Volts à partir de la tension de 10Volts. La valeur des capacités va dépendre de la version de la puce [8]. La figure suivante montre le schéma du brochage du MAX232.

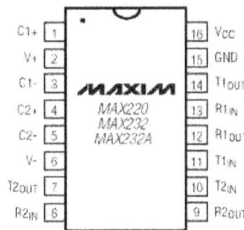

Figure 10 : Brochage du MAX232

3.3.2. Connecteur DB9 :

Le connecteur **DB9** est une prise analogique, comportant 9 broches, de la famille des connecteurs D-Subminiatures.

Le connecteur DB9 sert essentiellement dans les liaisons séries, permettant la transmission de données asynchrones selon la norme RS-232. La figure ci-dessous montre le schéma du connecteur DB9.

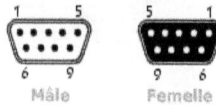

Figure 11 : Connecteur DB9

3.3.3. Schéma bloc :

Ce schéma représente le bloc de communication RS232. Ce bloc est constitué principalement par le circuit intégré MAX232 et le connecteur DB9. Cette liaison sert à la transmission et la réception des données.

- La transmission se fait à travers le broche RC6 du PIC est reliée à T1IN du MAX232 et le pin T1OUT est reliée à la broche 3 (TX) du DB9.
- La réception se fait à travers le broche RC7 du PIC est reliée à R1OUT du MAX232 et le pin R1IN est reliée à la broche 2 (RX) du DB9 [4].

Dans notre application, cette liaison sert à transmette les données vers un PC. Il permet d'afficher les résultats du test (court-circuit, inversion de fils et coupure de fils).

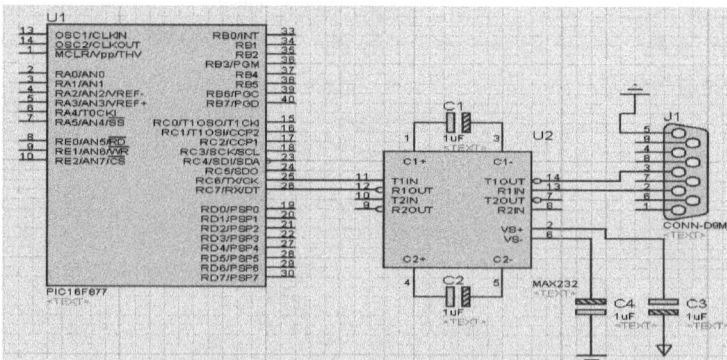

Figure 12 : Bloc de la liaison RS232

3.4. L'afficheur LCD :

3.4.1. Présentation :

Les afficheurs à cristaux liquides, autrement appelés afficheurs LCD (Liquid Crystal Display), sont des modules compacts intelligents et nécessitent peu de composants externes pour un bon fonctionnement. Ils consomment relativement peu (de 1 à 5 mA) et s'utilisent avec beaucoup de facilité [9].

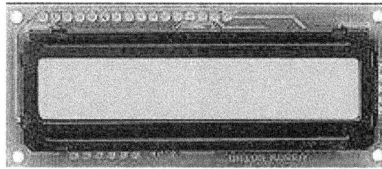

Figure 13 : Afficheur LCD

Le tableau ci dessous présente le brochage de l'afficheur LCD.

Tableau1 : Brochage du LCD

Numéro	Broche	Fonction
1	GND	Masse de l'alimentation
2	+ 5 V	Alimentation 5V
3	VEE	Réglage du contraste
4	RS	0 : Instruction 1 : Donnée
5	RW	0 : Ecriture 1 : Lecture
6	EN	Validation
7 ⟹ 14	D0 ⟹ D7	Données

- **Broche RS:** Sélection du registre (Register Select)

    Grâce à cette broche, l'afficheur est capable de faire la différence entre une commande et une donnée. Un niveau bas indique une commande et un niveau haut indique une donnée.

- **Broche RW:** Lecture ou écriture (Read/Write)

  L : Écriture

  H : Lecture

- **Broche EN:** Entrée de validation (Enable) active sur front descendant. Le niveau haut doit être maintenue pendant au moins 450 ns à l'état haut.

- **Broche VEE :** Cette tension permet, en la faisant varier entre 0 et +5V, le réglage du contraste de l'afficheur.

3.4.2. Schéma bloc :

Ce schéma représente la connexion de l'afficheur LCD avec le PIC. Dans notre application, on a utilisé le mode 4 bits. Dans ce mode, seuls les 4 bits de poids fort (**D4** à **D7**) de l'afficheur sont utilisées pour transmettre les données et les lire. Les 4 bits de poids faible (**D0** à **D3**) sont alors connectés à la masse.

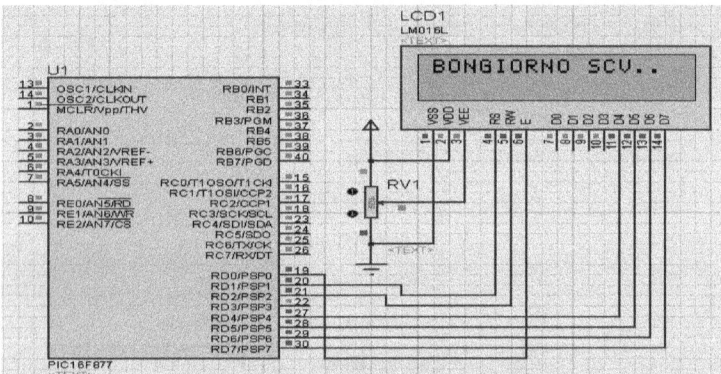

Figure 14 : Bloc de l'afficheur LCD

3.5. *Bloc des boutons poussoirs :*

Dans notre application, on a utilisé quatre boutons poussoirs : Un bouton poussoir pour le test des câbles, un bouton poussoir pour l'incrémentation du nombre des câbles corrects produits par jour, un bouton de décrémentation et un bouton de réglage.

Chaque appui sur un bouton relie le pin du notre PIC à la masse ; c'est-à-dire envoie un « 0 » binaire sur le pin approprié [3].

La figure suivante présente la connexion des quatre boutons poussoirs avec le PIC sur le port B dont les entrées (RB4, RB5, RB6 et RB7).

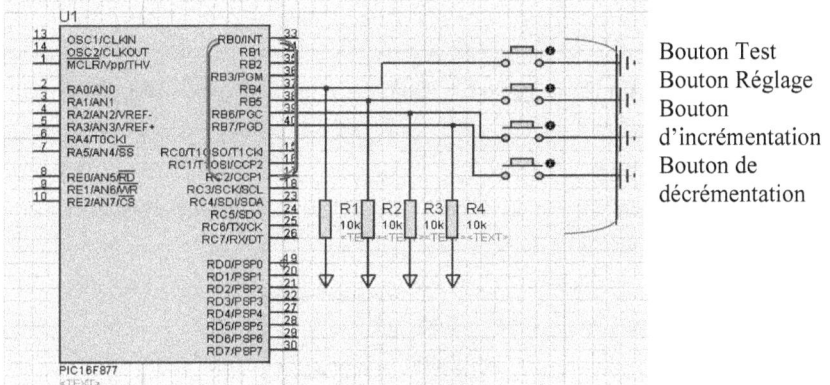

Figure 15 : Connexion des boutons poussoirs sur la carte

3.6.   Bus I2C :

Le bus I2C permet de faire communiquer entre eux des composants électroniques très divers grâce à seulement trois fils : Un signal de donnée (SDA), un signal d'horloge (SCL), et un signal de référence électrique (Masse). . C'est un bus de communication de type série.

Dans notre application, le bus I2C permet de faire communiquer entre le PIC et l'horloge temps réel PCF8583.

3.6.1. Présentation du bus I2C :

Le bus I2C (Inter-Integrated Circuit) est un bus populaire développé par la société Philips dans les années 1980. C'est un bus série synchrone bifilaire :

- ✓ **SDA** (Serial Data Line) : ligne de données bidirectionnelle
- ✓ **SCL** (Serial Clock Line) : horloge de synchronisation bidirectionnelle
- ✓ Cela fait 3 fils en comptant la masse.

Cette bus I2C est contrôlé par un maître (c'est généralement un microcontrôleur, par exemple un PIC 16F877).Ce maître possède un ou plusieurs esclaves. Chaque esclave doit être identifié par une adresse unique. Dans notre application, on a un seul esclave : c'est l'horloge temps réel PCF8583 [7].

3.6.2 .PCF8583:

Le PCF8583 est un circuit horloge / calendrier ou compteur organisé comme une mémoire RAM I2C de 256 octets. Seuls les 15 premiers octets sont utilisés par l'horloge, le reste de la mémoire est disponible comme zone de stockage mémoire. L'annexe 2 présente le schéma interne de ce circuit.

Dans notre application, ce circuit fonctionne en véritable horloge calendrier en mode de 24 heures et sur une période de vingt quatre ans. [5]

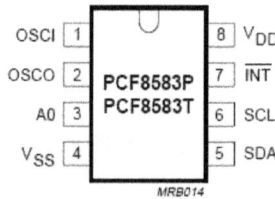

Figure 16 : Brochage du PCF8583

3.6.3. Schéma bloc :

Ce schéma représente la connexion du PCF8583 sur la carte. Son oscillateur à quartz est de fréquence 32.768 KHZ.

- La ligne de données (SDA) est reliée à la broche numéro 23 du PIC.
- L'horloge de synchronisation (SCL) est reliée à la broche numéro 18 du PIC.

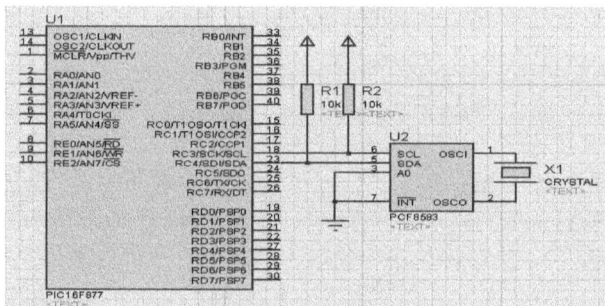

Figure 17 : Bloc de PCF8583

3.7.   Circuit de synchronisation :

Dans notre application, on a utilisé un oscillateur à quartz de fréquence 20 MHZ. C'est la fréquence maximale du PIC16F877. L'horloge système dite aussi horloge instruction est obtenue en divisant la fréquence par 4. Avec un quartz de 20 MHz, on obtient une horloge instruction de 5 MHz, soit un temps pour exécuter une instruction de 0.2µs. La figure ci-dessous présente la connexion du circuit de synchronisation sur la carte [6].

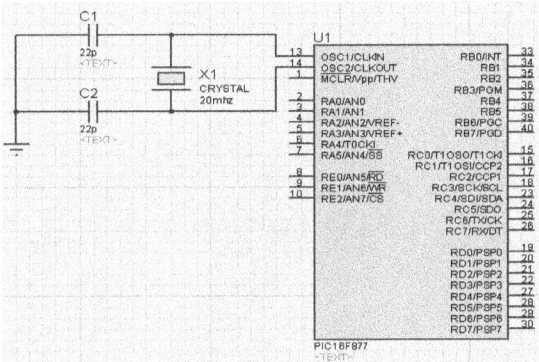

Figure 18 : Bloc de circuit de synchronisation

3.8. Reset externe:

Quand on appuie sur le bouton poussoir, la broche $\overline{\text{MCLR}}$ passe au niveau bas, ce qui génère un Reset "externe" : Le programme est réinitialisé. Le schéma suivant représente la connexion du bouton Reset avec la broche numéro 1 du PIC.

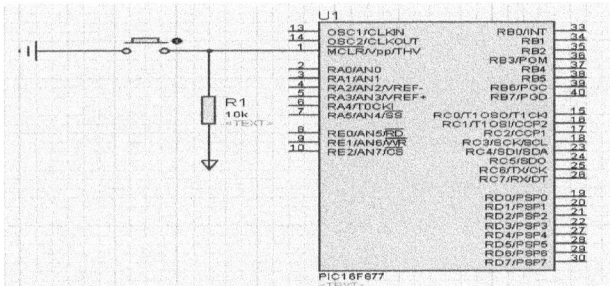

Figure 19 : Schéma de la reset externe

3.8.   Schéma de la carte :

Après avoir regroupé les différents blocs ensemble, on obtient le schéma ci-dessous de notre carte testeur.

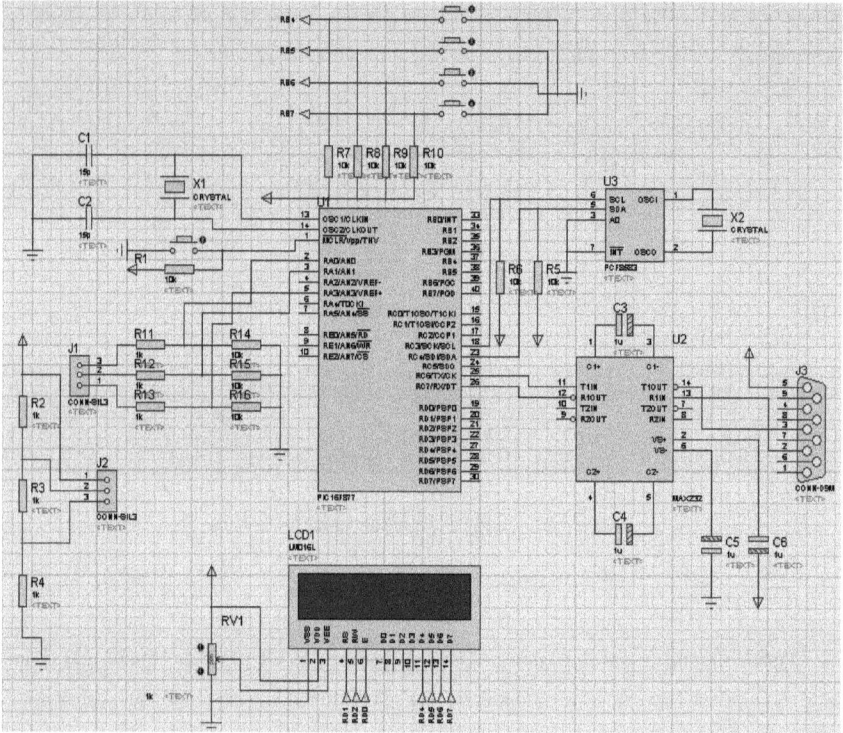

Figure 20 : Schéma de la carte

4 .Conclusion :

Avec ce chapitre, on a décrit la partie matérielle de notre projet en présentant les différentes étapes pour la conception de la carte testeur. On a expliqué le rôle de chaque bloc connecté avec le PIC16F877. Dans le chapitre suivant, nous allons passer à la réalisation pratique de la carte.

Chapitre3 :
Réalisation de la
carte de commande

1. Introduction :

Dans ce chapitre, nous allons étudier la partie logicielle de la carte testeur de câbles pour voitures. Nous allons décrire les différentes étapes pour la réalisation de cette carte en citant les différents logiciels utilisés. Pour la conception de la carte, on a utilisé deux logiciels (ISIS et EAGLE). En plus, pour la programmation du pic, on a choisi le compilateur PIC C. Enfin, on a utilisé le logiciel WinPic800 pour transmettre le programme vers le PIC.

2. Conception de la carte :

Pour la conception et la simulation de la carte, on a utilisé le logiciel PROTEUS ISIS. Il est un éditeur de schémas qui intègre un simulateur analogique, logique ou mixte.

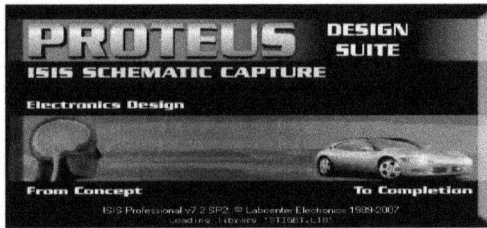

Figure 21 : Logiciel ISIS

1er étape : Saisi du schéma

Pour saisir le schéma, il faut créer un nouveau projet puis placer les composants qui doivent être sélectionnés à partir de la bibliothèque des composants.

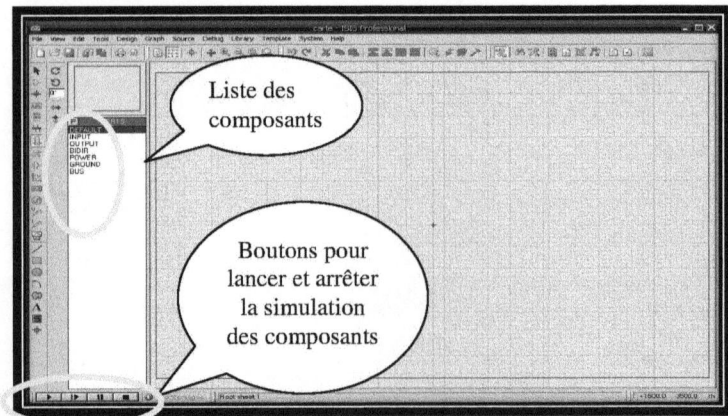

Figure 22 : Interface graphique d'ISIS

2éme étape : Association du programme au processeur

La configuration de notre composant se résume en un simple click droit sur le PIC, la fenêtre montrée à la figure 23 (Edit component) apparaît. Cette fenêtre permet de télécharger le fichier.hex correspondant au code établi en PIC C de l'application à tester.

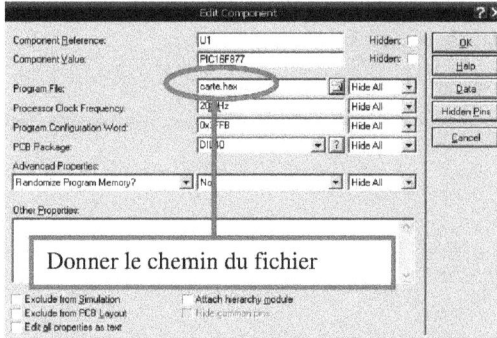

Figure 23 : Configuration du PIC

3éme étape : Simulation de la carte

La figure ci-dessous présente une copie d'écran du logiciel ISIS montrant le résultat de la simulation de notre système.

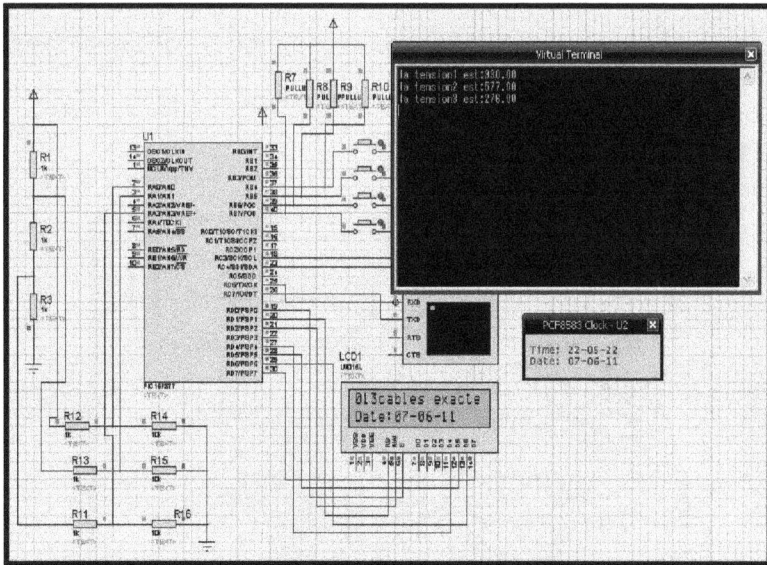

Figure 24 : Schéma de simulation de la carte avec ISIS

3. Logiciel Eagle :

Eagle est un logiciel édité par Cadsoft. Il est un logiciel de conception assistée par ordinateur de circuits imprimés. Il comprend un éditeur de 'layout', de 'routage', un 'routeur automatique' et une librairie extensible de composants.

1ᵉʳ étape : Conception de la carte sur Eagle

La figure ci-dessous présente le schéma électronique de la carte avec Eagle.

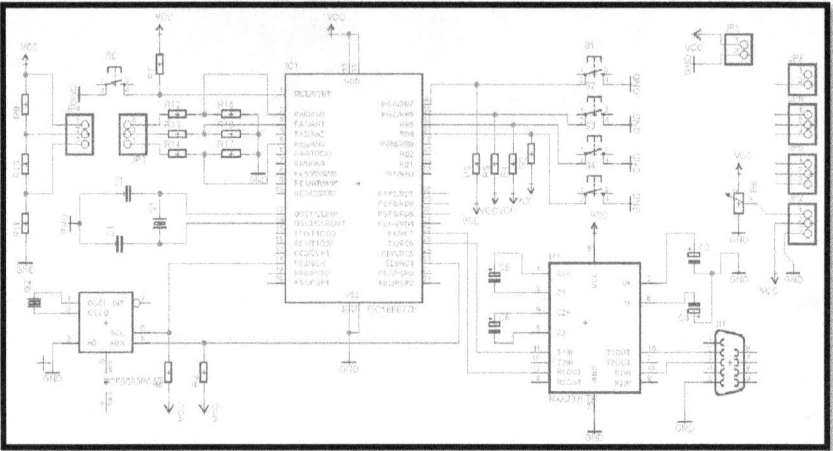

Figure 25 : Carte réalisée par Eagle

2éme étape : Routage

Cette figure montre le schéma après le lancement du routage.

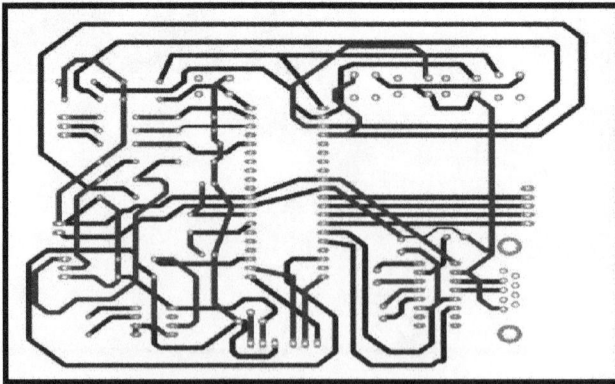

Figure 26 : Schéma de routage sur Eagle

4. Le compilateur PIC C :

CCS est un compilateur C pour les processeurs de la famille MicroChip PIC. Il intègre des fonctions qui permettent de développer le code de manière très aisée. C'est pourquoi on a choisi ce compilateur.

1er étape : Création du nouveau projet

La première étape consiste à préciser le type du PIC ainsi que la fréquence de l'oscillateur. (Figure27)

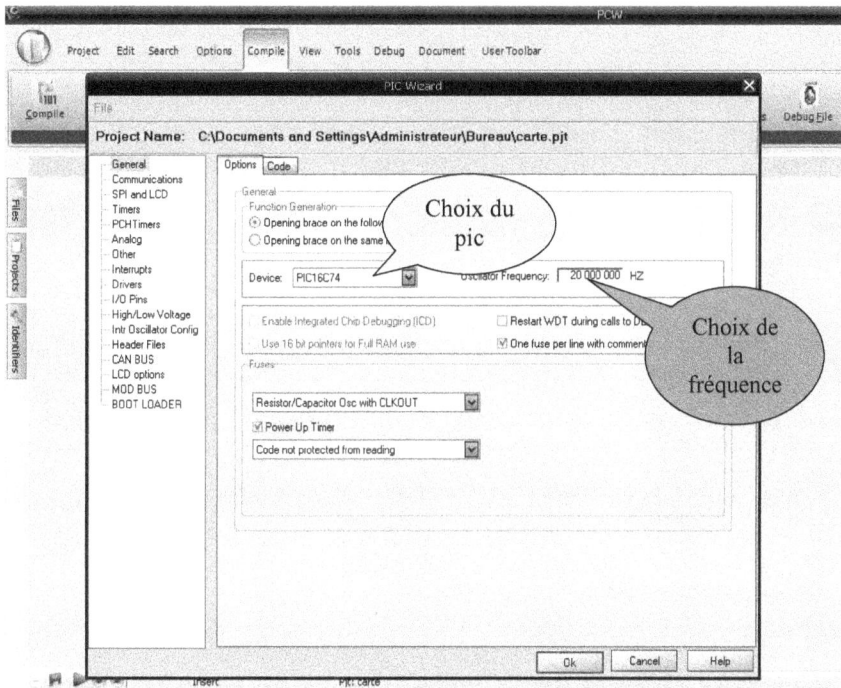

Figure 27 : Première étape de la compilation

2éme étape : Programmation du PIC sur PIC C

Dans la deuxième étape, l'utilisateur doit écrire le programme, le compiler puis le transférer vers le PIC.

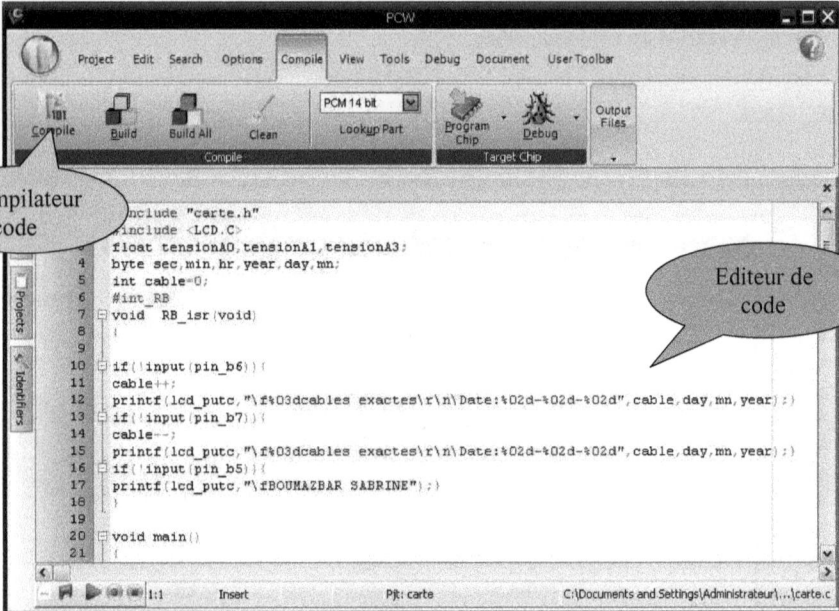

Figure 28 : Environnement de programmation

5. Logiciel WinPic800 :

Après avoir écrit le programme en langage C, on devrait avoir un programmateur de PIC qui nous permet d'implémenter le programme dans les registres du PIC.

 Pour cela on a utilisée un programmateur de PIC universel. On va implémenter le programme en C à l'aide du logiciel WinPic800. En plus, ce programmateur travaille avec le logiciel WinPic800 qui va nous permettre le transfert d'un fichier obtenu « .HEX » vers le PIC.

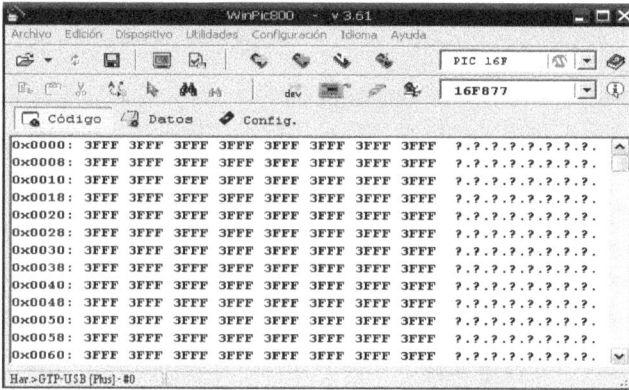

Figure 29 : Logiciel WinPic800

6. Réalisation pratique de la carte testeur :

6.1. *Photo de la carte:*

La figure ci-dessous présente la carte testeur de câbles pour voitures.

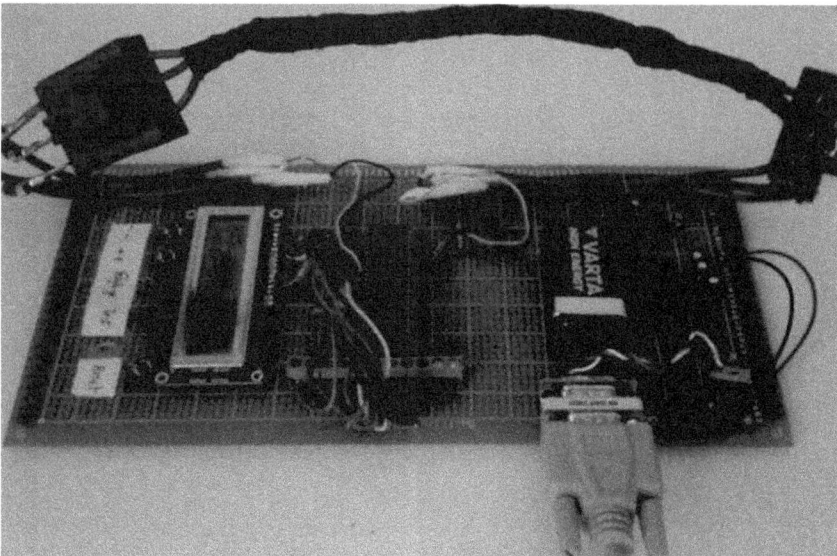

Figure 30 : Photo de la carte

6.2. Résultats sur l'HyperTerminal du PC :

6.2.1. Présentation l'HyperTerminal :

L'Hyper Terminal est présent par défaut lors de l'installation du système d'exploitation Windows. Il nous permet d'afficher les résultats du test. Pour s'assurer de sa présence, on clique sur : Démarrer, Programme, Accessoires, Communications et cliquez sur Hyper Terminal comme ci-dessous :

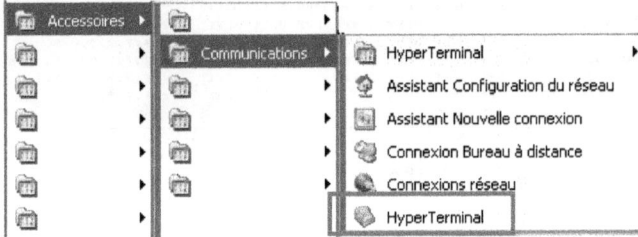

Figure 31: Accès à l'HyperTerminal

6.2.2. Résultats des tests de communication via l'HyperTerminal :

Les figures ci-dessous présentent des copies d'écran sur l'HyperTerminal du PC montrant quelques résultats du test sur le câble. La figure 32 correspond au cas d'une inversion du fils. La figure 33 correspond au cas d'un court circuit entre deux fils. La figure 34 correspond au cas d'une coupure de fils.

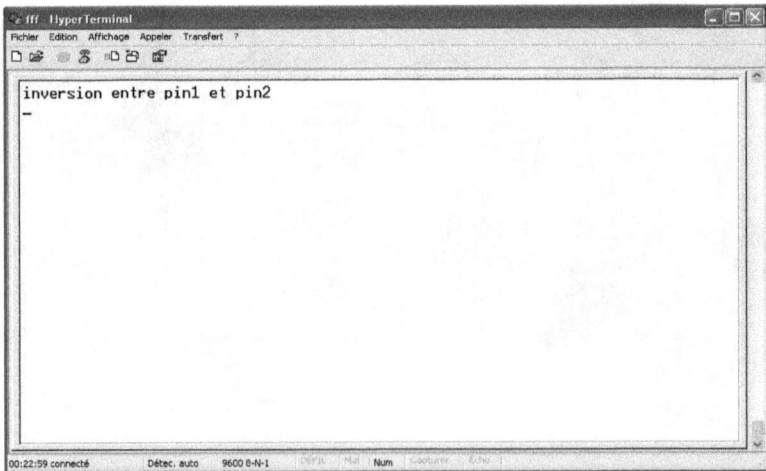

Figure 32 : Affichage sur l'HyperTerminal du résultat de contrôle (inversion de fils)

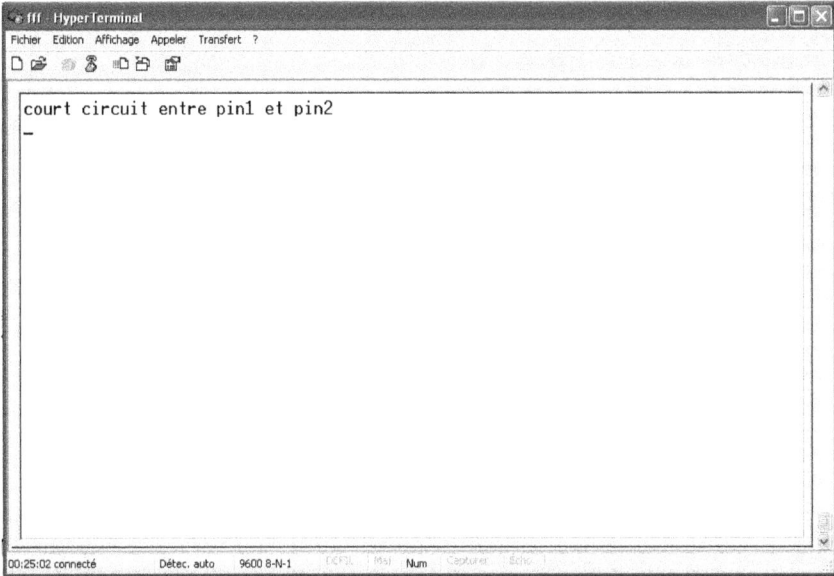

Figure 33 : Affichage sur l'HyperTerminal du résultat de contrôle (court circuit)

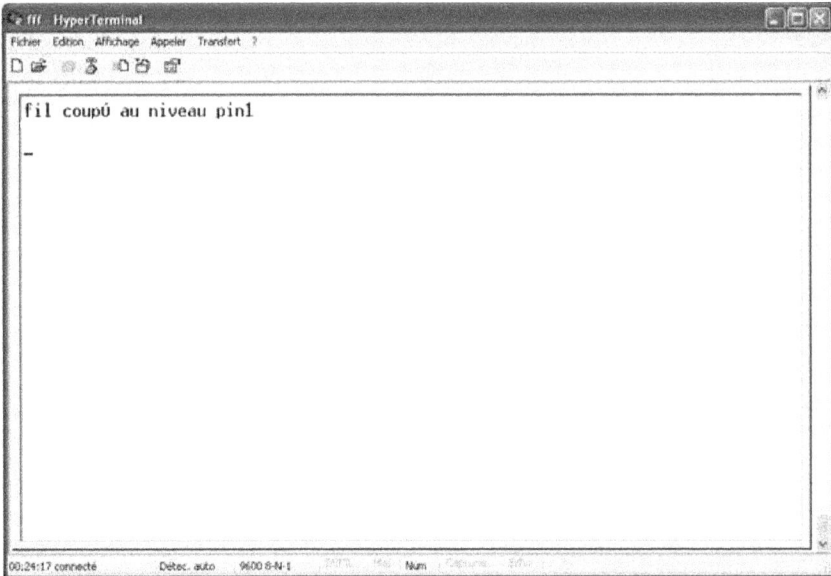

Figure 34 : Affichage sur l'HyperTerminal du résultat de contrôle (coupure d'un fil)

7. Conclusion :

Dans ce chapitre, nous avons montré les différentes étapes de la réalisation de cette carte. Enfin, ce projet répond exactement aux exigences du cahier des charges. En plus, il nous a permis de maitriser des logiciels que ce soit dans le domaine de l'informatique pour la programmation du PIC ou dans le domaine de l'électronique pour la conception et la réalisation de la carte.

Conclusion générale

Ce travail nous a permis d'approfondir nos connaissances théoriques et d'acquérir une bonne expérience au niveau de la réalisation pratique. Lors de ce projet, nous avons réalisé une carte testeur à base d'un microcontrôleur PIC16F877. Cette carte a pour objectif de tester la continuité des câbles pour voitures constitués uniquement de trois fils conducteurs. En plus, cette carte répond aux exigences du cahier des charges d'où on peut implanter ce projet à la Société de Câblages pour Véhicules « SCV ».

On a présenté, le principe de fonctionnement de cette carte dans le premier chapitre. Puis, dans le deuxième chapitre, on a étudié le matériel utilisé dans notre projet. Enfin, dans la troisième chapitre, on a cité les différentes étapes pour la réalisation pratique de cette carte.

La carte réalisée constitue un premier prototype du système de test. Des améliorations peuvent être ajoutées à cette carte afin d'étendre son fonctionnement à d'autres cas à tester.

BIBLIOGRAHIE

[1] Bigonoff « Notes de cours : PIC 16F877 »

[2] Hamdi Fredj. « Conception et réalisation d'une carte de commande numérique d'un autotransformateur». Mémoire de projet de fin d'études. Ecole Nationale d'Ingénieurs de Sfax, DGE juin 2010.

[3] Ltifi Fathel. « Système de contrôle et de commande du thermorégulateur ». Mémoire de projet de fin d'études. Ecole Nationale d'Ingénieurs de Sfax, DGE juin 2010.

[4] Hamda Hmila. « Conception d'un système intelligent pour la gestion de la production du câblage de voiture ». Mémoire de projet de fin d'études. Ecole Nationale d'Ingénieurs de Sfax, DGE juin 2010.

[5] http://www.technologuepro.com

[6] http://www.datasheetcatalog.com

[7] http://fabrice.sincere.pagesperso-orange.fr

[8] http://www.roboticus.org

[9] http://www.aurel32.net/elec/lcd.php

Annexes

Annexe 1 : Schéma interne du MAX232

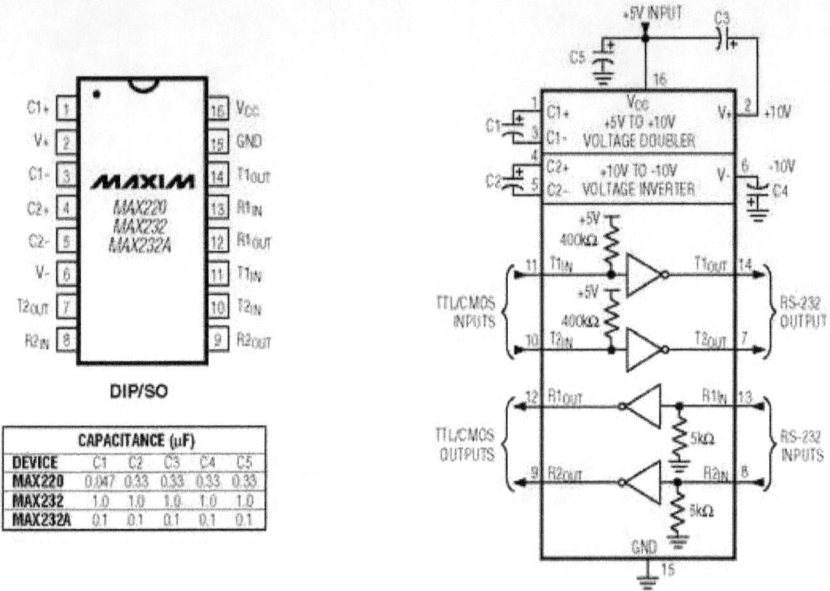

Annexe 2 : Schéma interne du PCF8583

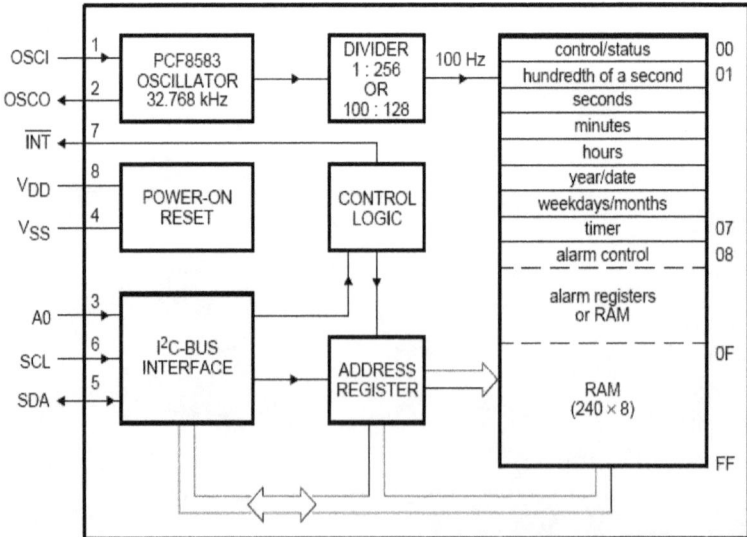

Annexe 3 : Face cuivre (inférieure) de la carte

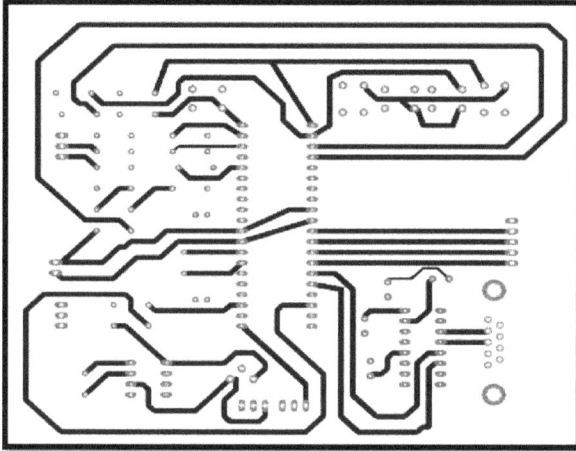

Annexe 4 : Face composante (face supérieure)

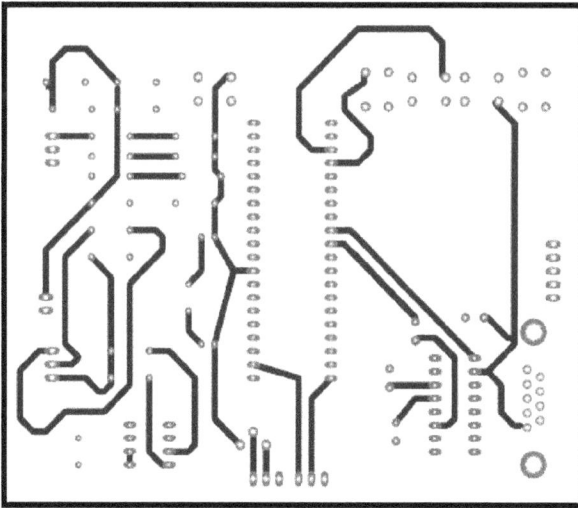

www.ingramcontent.com/pod-product-compliance
Lightning Source LLC
Chambersburg PA
CBHW021610210326
41599CB00010B/693